ÍNDICE

1. INTRODUCCIÓN
2. DEFINICIÓN Y TAMAÑO
3. ESTRUCTURA
   - 3.1. CÁPSIDE
   - 3.2 ÁCIDO NUCLEICO
   - 3.3 CUBIERTA O ENVOLTURA
   - 3.4 OTROS COMPONENTES
   - 3.5 CONCEPTOS
4. MULTIPLICACIÓN
   - 4.1 CICLO LÍTICO
   - 4.2 CICLO LISOGÉNICO
5. GENÉTICA VÍRICA
6. CLASIFICACIÓN
   - 6.1 CRITERIOS
   - 6.2 MODELOS ACTUALES
7. PATOGÉNIA
8. DIAGNÓSTICO
   - 8.1 INTRODUCCIÓN
   - 8.2 MÉTODOS DIRECTOS
   - 8.3 MÉTODOS INDIRECTOS
9. EPIDEMIOLOGÍA

1. INTRODUCCIÓN

A mediados del siglo XIX, Luis Pasteur propuso la teoría germinal de las enfermedades, en la cual explicaba que todas las enfermedades eran causadas y propagadas por algún tipo de vida diminuta que se multiplicaba en el organismo enfermo, pasaba de éste a otro y lo hacía enfermar. Pasteur, sin embargo, se encontraba trabajando con la rabia, y descubrió que aunque la enfermedad fuera contagiosa y ésta se contrajera por el mordisco de un animal rabioso, no se veía el germen por ningún lado. Pasteur concluyó que el germen si se encontraba ahí, pero era demasiado pequeño como para poder observarse.

En 1.884, el microbiólogo francés, Charles Chamberland inventó un filtro que tiene poros de tamaño inferior a los de una bacteria. Así pues podía hacer pasar por el filtro una solución con bacterias y eliminarlas completamente de la misma. Un biólogo ruso Dmitri Ivanovsk utilizó este filtro para estudiar lo que actualmente se conoce como virus del mosaico del tabaco. Sus experimentos demostraron que los extractos de las hojas molidas de plantas infectadas de tabaco seguían siendo infecciosos después de filtrarlos, por ello sugirió que la infección podía ser causada por una toxina producida por las bacterias, pero no continuó apoyando esta idea.

En aquella época se pensaba que todos los agentes infecciosos podían ser retenidos por filtros y, además, que podían ser cultivados en un medio con nutrientes esta opinión formaba parte de la teoría germinal de las enfermedades.

En 1.899, el microbiólogo neerlandés Martinus Beijerinck repitió los experimentos de Ivanosvski y quedó convencido de que se trataba de una nueva forma de agente infeccioso. Observó que el agente sólo se multiplicaba dentro de células vivas en división, pero como sus experimentos no mostraban que estuviera compuesto de partículas lo llamó *contagium vivum fluidim* y reintrodujo el término virus

LOUIS PASTEUR

Actualmente se han descrito más de 5.000 tipos de virus diferentes, aunque algunos autores opinan que podrían existir millones de tipos diferentes. Los virus se hayan en casi todos los ecosistemas de la Tierra y son el tipo de entidad biológica más abundante.

En biología, un virus es un agente infeccioso microscópico que sólo puede multiplicarse dentro de las células de otros organismos.

Los virus han coexistido con organismos en el planeta desde hace unos 200 millones de años, pero el estudio científico de estas macromoléculas parasitarias intracelulares es reciente.

La información obtenida con el uso de la cristalografía nos permitió visualizar la estructura viral hasta un nivel atómico.

Con estos volúmenes de información, se desarrollaron métodos más sofisticados, como la reacción en cadena de la polimerasa, que detecta con gran sensibilidad y especificidad los genomas virales y finalmente, se tiene la capacidad de introducir material genético en los genomas virales para el diseño de vacunas, vectores virales y genoterapia.

La clasificación de los virus es más congruente si se tienen las secuencias de nucleótidos de su genoma.

Los sistemas actuales se basan además en:

- Ácido nucleico (tipo y estructura)
- Simetría de la cápside viral
- Envoltura lipídica

Estos organismos, tan dinámicos, eficaces y tan dependientes se miden en nanómetros, oscilando su tamaño en la mayoría entre los 20-300 nm.

Las partículas virales dependen completamente de la célula hospedera, procariota o eucariota.

No pueden reproducir ni amplificar la información de sus genomas, así que podríamos denominarlos "parásitos genéticos", ya que poseen las enzimas e información requeridas para programar a las células infectadas con el objeto de que sinteticen los componentes necesarios para su replicación.

Hay tres teorías principales sobre el origen de los virus:

- Teoría de la regresión
- Teoría de origen celular
- Teoría de la coevolución

*Teoría de la regresión: es posible que los virus fueran pequeñas células que parasitaban células más grandes

*Teoría del origen celular: algunos virus podrían haber evolucionado a partir de fragmentos de ADN o ARN que escaparon de los genes de un organismo mayor

*Teoría de la coevolución: los virus podrían haber evolucionado de complejas moléculas de proteínas y ácido nucleico, al mismo tiempo que aparecieron las primeras células en la Tierra, y habrían sido dependientes de la vida celular durante muchos millones de años

2. DEFINICIÓN Y TAMAÑO

Sus principales propiedades son:

- Ser parásitos intracelulares obligados
- Incapaces de producir energía independientemente
- Presentan un solo tipo de ácido nucléico
- Una cápside o cubierta, algunos también una envoltura lipoproteica
- Los componentes de los virus se ensamblan y no se replican por división
- Presentan un tamaño muy pequeño no siendo, en general, visibles al microscopio óptico

3. ESTRUCTURA

3.1 CÁPSIDE

Se trata de una estructura de naturaleza proteica. Mediante la microscopía electrónica se ha podido conocer que la cápside está dividida en unidades.

Proteínas →Protomero s→Capsómeros →Virus maduros

Tiene una misión estructural (la forma) y de protección para el ácido nucleico (no actúa sobre el de las nucleasas).

Según la simetría de la cápside podemos clasificar a los virus en cuatro grupos

- Virus de simetría icosaédrica

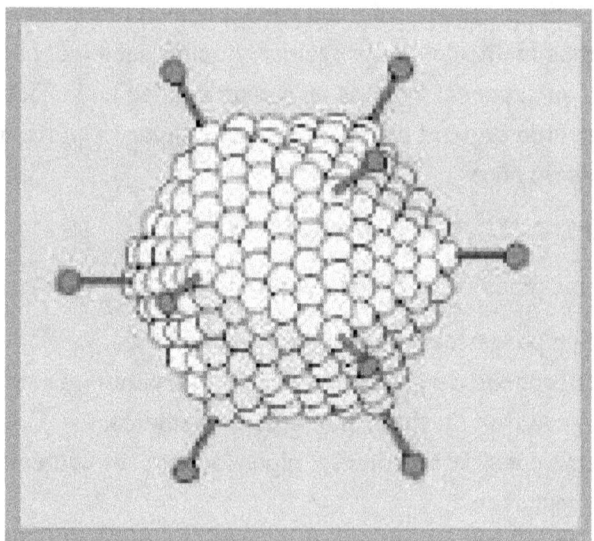

- Virus de simetría helicoidal

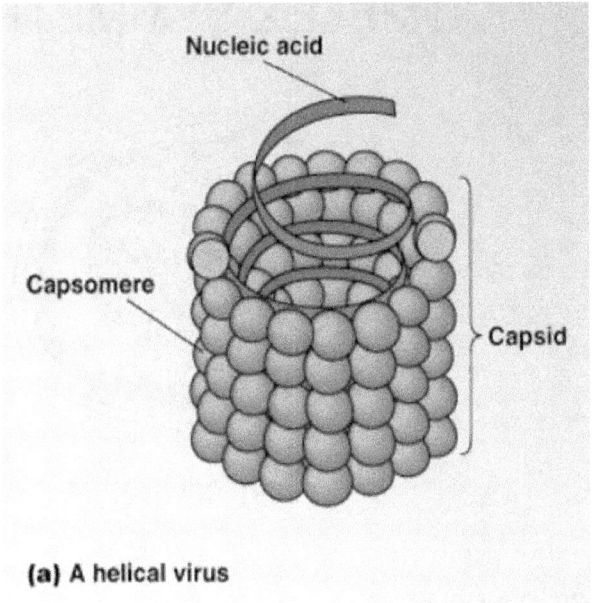

- Virus de simetría mixta

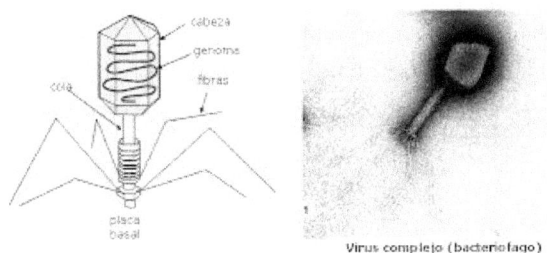

- Virus de simetría compleja

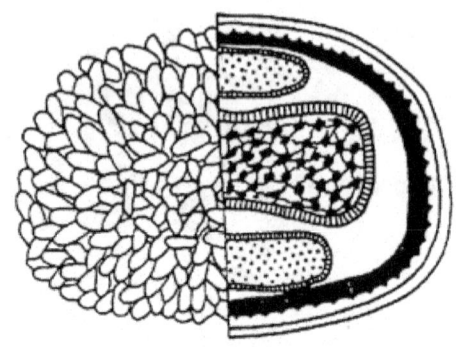

3.2 ÁCIDO NUCLEICO

Contiene un solo ácido nucleico, pudiéndolo encontrar como ADN o ARN

- El ADN que a su vez puede ser:
    - ✓ En base al número de cadenas
        - →De una sola cadena o monocatenario
        - →De doble cadena o bicatenario
    - ✓ A su estructura espacial
        - →Lineal
        - →Circular
- El ARN que a su vez puede ser:
    - ✓ En razón de su sentido
        - →Positivo, como el ARNm
        - →Negativo, complementario al ARNm
    - ✓ En base al número de cadenas
        - →Monocatenario

→ Bicatenario
→ De doble sentido, conteniendo regiones de ARN + y unidas por sus extremos
✓ En base a su estructura
→ Molécula única
→ En fragmentos

3.3 CUBIERTA O ENVOLTURA

Algunos virus presentan una cubierta que rodea a la nucleocápside. Está formada por proteínas virales, lípidos y carbohidratos. Pueden proceder de la membrana celular o de la membrana nuclear del hospedador. Pueden contener glucoproteínas visibles por microscopía electrónica.

Los virus con envolturas lipídicas son sensibles a la deshidratación ambiental y suelen trasmitirse por vía respiratoria, parenteral y sexual. Sin embargo, los que no están envueltos soportan condiciones ambientales muchos más adversos y, en general, se transmiten por vía oro-fecal.

Estructura de los Virus (Componentes)

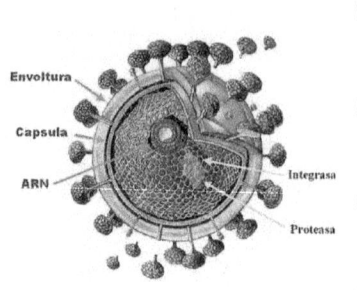

- Genoma (ADN o ARN)
- Enzimas
- Cápsida
- Envoltura membranosa

3.4 OTROS COMPONENTES

Además de las proteínas de la cubierta, podemos encontrar proteínas internas próximas al núcleo y enzimas

3.5 CONCEPTOS

→Nucleocápside: unión de cápside y ácido nucleico

→Virión: partícula viral completa más la envoltura externa

4. MULTIPLICACIÓN

4.1 CICLO LÍTICO

El ciclo de multiplicación se realiza a través de una serie de fases:

→Fase precoz:

- Absorción o fijación a la célula que será parasitada .Consiste en la fijación del virus a la membrana de la célula. Por ejemplo en los virus se conocen la existencia de elementos que condicionan que el virus se fije a determinadas células (VAP), así como a determinados receptores víricos en las células.
- Esto permite explicar por qué ciertos virus ataquen a un determinado tipo de células.

1- Proteínas de adherencia víricas:

FAMILIA DE VIRUS	VIRUS	VAP
Picornaviridae	Rinovirus	Complejo VP1-VP2 y VP3
Adenoviridae	Adenovirus	Proteína fibrosa
Reoviridae	Reovirus Rotavirus	a-1 VP7
Togaviridae	V.del bosque Semliki	Complejo E1-E2-E3 gp
Rhabdoviridae	Virus de la rabia	Proteína G gp
Paramixoviridae	Virus del sarampión	HA gp
Herpesviridae	VEB	Gp350 y Gp 220G
Retroviridae	VIH	Gp120

2-Receptores víricos:

VIRUS	CÉLULA DIANA	RECEPTOR
VEB	Linfocito B	Receptor CR2
VIH	Linfocito T colaborador	CD4
Rinovirus	Células epiteliales	ICAM-1
Virus Herpes simple	Numerosas células	Nectina 1
Virus de la rabia	Neurona	Receptor de acetilcolina
Gripe A	Células epiteliales	Ácido siálico
Parvovirus B19	Células precursoras de la serie eritroide	Antígeno P de los eritrocitos

→Penetración: La velocidad de penetración es variable según la naturaleza del virus, el tipo de células infectadas y por los factores ambientales dicha penetración se puede realizar por:

- Por inyección
- Por absorción

→Decapsidación o liberación del ácido nucleico. Una vez dentro de la célula, el virus libera el ácido nucleico, separándose éste de la cubierta proteica. Lo puede realizar:

- En citoplasma
- En el núcleo

→Fase tardía
- Replicación: Formación de copias del ácido nucleico, formación de las proteínas de estructuras y funcionales (enzimas).
- Maduración o ensamblaje de los componentes. Una vez que ha finalizado la replicación del genoma del virus y ha tenido lugar la síntesis de las proteínas virales los distintos componentes del virus se transportan a determinadas áreas de la célula, produciendo la formación de la nucleocápside.
- Liberación: Las partículas virales se acumulan en el interior de la célula, produciéndose la salida por lisis de la célula parasitada y a través de la membrana citoplasmática.

4.2 CICLO LISOGÉNICO

A esta forma de multiplicación de los virus, la más frecuente, se la conoce como ciclo lítico. Sin embargo, existe otro ciclo, el ciclo lisogénico que fue descubierto en los virus que atacan a las bacterias (bacteriófagos) en 1920, pero se comprendió en la década del 50, cuando fue estudiado en el ámbito celular por Andre Lwuff.

En esta época se conocía algunos cultivos bacterianos que estaban infectados por un fago, pero crecían normalmente y parecían perfectamente sanos. Este fago no parecía interferir con la bacteria huésped, estos cultivos tenían la habilidad de causar la lisis o ruptura de otras bacterias y ese cultivo se describía como lisogénico.

No resultaba claro porque esos cultivos eran letales para otras bacterias. El efecto lisogénico no parecía originarse en partículas de fagos libres en el cultivo, dado que los cultivos permanecían infectantes aun luego de tratamientos capaces de eliminar cualquier fago libre del medio. Tampoco el efecto observado se correspondía con alguna gran reserva de fagos guardados dentro de la célula hospedadora no se liberaban fagos cuando las células de un cultivo lisogénico se rompían artificialmente.

El esclarecimiento del ciclo se fue en los experimentos de Lwoff realizados con la ponderada técnica de observar y tener paciencia. Él observó el desarrollo de una bacteria aislada: Bacillus megaterium (bacteria de un tamaño superior a las otras) en finas gotas de medio. La observación revelo el secreto, si bien nunca se encontró partículas de fagos flotando en gotas que contenían una sola célula, se los encontraba en las colonias derivadas de esa sola célula.

Cuando una sola célula bacteriana era observada, explotaba espontáneamente liberando cerca de 100 fagos.

Lwoff concluyo, que la célula hospedadora no era enteramente inmune al fago. Cuando el fago se torna activo en una bacteria de un cultivo lisogénico, fuerza al hospedador a manufacturar más fagos, que eventualmente matan al hospedador y liberan fagos al exterior cuando la misma explota. Sin embargo al cambio del ciclo lisogénico al lítico, era la excepción más que la regla.

Lwoff encontró que era posible introducir artificialmente que todas las células de un cultivo lisogénico entren en el ciclo lítico simultáneamente exponiendo los cultivos a la luz ultravioleta o a Rayos X.

5. GENÉTICA VÍRICA

Se pueden producir:

→Mutaciones

- Letales –Incompatible con la replicación
- Por selección- Pérdida de una parte del genoma
- En placas-Diferencias en el aspecto o tamaño de las células infectadas
- Rango de anfitriones-Difieren en el tipo de tejido o célula diana que puede infectarse
- Condicionales-Sensibles a la temperatura

→Interacciones genéticas

- Recombinación-Intercambio genético entre 2 virus o entre un virus y el organismo anfitrión
- Reordenamiento- Formación de cepas híbridas en virus segmentados
- Complementación- Proceso mediante el cual un virus defectivo o incapacitado adquiere determinantes genéticos que le complementan, de un segundo virus durante una coinfeción.

6. CLASIFICACIÓN

6.1 CRITERIOS

→Según el hospedador

- Humanos
- Animales
- Plantas
- Bacterias

→ Según el tropismo de órgano

- Virus respiratorios
- Virus intestinales
- Virus dermotrópicos
- Virus linfático
- Virus pantotropos

→ Según cuadros clínicos

- Virus Herpes
- Virus de la hepatitis

→ Según su estructura y composición

- Virus RNA o DNA
- Virus envueltos o desnudos
- Virus icosaédricos/helicoidales/mixtos/complejos

6.2 MODELOS ACTUALES

→ Clasificación del ICTV (Comité Internacional de Taxonomía de los Virus).

Se basa en la utilización de manera artificial de las clasificaciones filogenéticas de otros grupos de seres vivos. La estructura general de la taxonomía es:

- Orden (-virales)
- Familia (-viridae)
- Subfamilia (-virinae)
- Género (-virus)
- Especie (-virus)

La taxonomía actual del ICTV (2008) reconoce cinco órdenes: los Caudovirales, los Herpesvirales, los Mononegavirales, los Nidovirales y los Picornavirales. El comité no distingue formalmente entre subespecies, cepas y aislamientos.

→Clasificación de Baltimore

David Baltimore, ganador del Premio Nobel, diseño el sistema de clasificación que lleva su nombre.

La clasificación de Baltimore de los virus se basa en el mecanismo de producción de ARNm. Los virus deben generar ARNm de su genoma para producir proteínas y replicarse, pero cada familia de virus utiliza mecanismos diferentes.

El genoma de los virus puede ser monocatenario (ss) o bicatenario (ds), de ARN o ADN, y pueden utilizar o no la transcriptasa inversa.

Además, los virus ARN monocatenarios pueden ser o positivos (+) o negativos(-).

Grupo	ACIDO NUCLEICO	EJEMPLOS
I	DNAbc	Adenovirus Herpesvirus Poxvirus
II	DNAmc	Parvovirus
III	RNABc	Reovirus
IV	RNAmc(+)	Picornavirus Togavirus
V	RNAmcv(-)	Orthomixovirus Rabdovirus
VI	RNAmc(TI)	Retrovirus
VII	DNAbc(TI)	Hepadnaviridae

7. PATOGENIA

La evolución de la enfermedad producida por un virus presenta una serie de etapas:

- Adquisición o entrada en el organismo anfitrión
- Inicio de la infección en el foco primario
- Activación de la protecciones innatas
- Período de incubación, cuando el virus se amplifica y puede diseminarse a una localización secundaria
- Replicación en un tejido objetivo-Signos y síntomas
- Respuestas inmunitarias que limitan y participan en la enfermedad
- Producción vírica en un tejido que libera el virus a otras personas para contagiarlas
- Resolución, infección persistente o infección latente

La patogenia de una infección vírica depende de una gran variedad de factores, tanto del virus como del hospedador (nº de partículas infectantes, velocidad de multiplicación, difusión del virus, respuesta del hospedador...)

Los virus pueden producir:

→Infecciones agudas. Tras el contacto con el virus, éste se multiplica en las células de penetración del organismo y difunde por el resto del cuerpo dando lugar a una infección localizada primero y generalizada después. En relación con el tiempo de incubación varía según sea una infección localizada (generalmente corto) o generalizada (más largo). Como consecuencia de la multiplicación vírica y de las reacciones que se producen en el organismo, se produce la infección. Si esta no presenta signos ni síntomas manifiestos se habla de infección inaparente. Las infecciones inaparentes son de gran importancia desde el punto de vista epidemiológico, ya que sirven como fuente de diseminación de un virus que pasa desapercibido. En la producción de este tipo de infecciones intervienen varios factores, entre los que podemos destacar:

- Virus atenuados
- Mecanismos de defensa del hospedador efectivos
- Incapacidad del virus de alcanzar la célula diana

→Infecciones persistentes. Ocurren cuando el virus permanece mucho tiempo en el organismo y pueden ser:

- Infecciones crónicas. Ocurren cuando tras una infección aguda el virus permanece mucho tiempo en el organismo. Cómo ejemplo tenemos los portadores crónicos de la hepatitis B
- Lentas. Éstas presentan un periodo de incubación largo, que puede durar meses o años, presentándose un desarrollo lento y progresivo de signos y síntomas (virus JC)
- Latentes. Se producen cuando tras una primera infección el virus permanece en el organismo de forma no demostrable (varicela y zoster). Hay una síntesis limitada de macromoléculas víricas, pero no hay síntesis vírica

→Infecciones verticales. Cuando la infección vírica se produce durante el embarazo el virus puede atravesar la placenta y afectar al feto. Es importante tener en cuenta que hay virus que pueden producir enfermedad leve en el adulto, mientras que en el embrión causan una gran infección con graves malformaciones. Como ejemplo de estas patologías tenemos:

- Rubeola
- Varicela
- Virus Coxackiae
- Herpes simple tipo 2

8. DIAGNÓSTICO

8.1 INTRODUCCIÓN

Los métodos más utilizados para reconocer las infecciones por virus humanos pueden clasificarse en directos e indirectos.

Gran parte de las técnicas utilizadas en el diagnóstico clínico se basan en pruebas serológicas que identifican anticuerpos específicos frente a diversas proteínas antigénicas. Sin embargo, existen circunstancias en las cuales son necesarias pruebas que detecten precozmente la infección viral (tratamientos específicos, medidas profilácticas, etc...).

En algunas infecciones virales es posible detectar la presencia de antígenos virales previamente al desarrollo de la seroconversión, siendo esta prueba la única evidencia de la exposición al virus cuando no existe aumento de los niveles de anticuerpos circulantes (pacientes inmunodeprimidos). Igualmente, la detección del genoma viral puede favorecer la precocidad del diagnóstico viral y su confirmación.

En la última década se han desarrollado una serie de técnicas para el diagnóstico viral basadas en la detección de ácidos nucleicos, de ellas la reacción en cadena de la polimerasa (PCR) es la más utilizada

8.2 MÉTODOS DIRECTOS

Son aquellos que detectan:

- El virus como agente infeccioso (aislamiento viral)
- La presencia de antígenos virales (técnicas inmunológicas, inmunofluorescencia, enzimoinmunoanálisis, test de aglutinación)
- La presencia de ácidos nucleicos virales
- El virus como partícula viral

→Principales técnicas

- Estudios citológicos

Se examinan las muestras buscando las inclusiones virales características, tales como acúmulos de virus en el interior de la célula infectada o acúmulos patológicos de material celular producidos secundariamente a las alteraciones metabólicas que el virus produce. Estas inclusiones se pueden ver con una simple tinción, como ejemplo la de *Papanicolau*

- Cultivo de los virus

La base del diagnóstico viral es la detección de virus o de sus componentes. Históricamente podemos establecer las siguientes etapas:

- ❖ F.D. Von Recklinhausen (1.866) mantuvo vivas células sanguíneas de anfibios durante 35 días
- ❖ Wilhelm Roux (1.885) realizó cultivos de células de embrión de pollo en solución salina
- ❖ Ross Harrison (1.907) cultivó tejido nervioso de rana y obtuvo creciemnto y diferenciación de los axones.
- ❖ Burrows (1.907) empleó plasma de pollo para nutrir los explantes de tejidos embrionarios de pollo.
- ❖ Alexis Carrel (1.912) demostró que la vida del cultivo se puede prolongar mediante subcultivos aplicando técnicas asépticas.
- ❖ Eagle (1.955) desarrolló medios de cultivo
- ❖ Hayflick y Moorhead (1.961) implementaron el uso de antibióticos.
- ❖ Moscona (1.952) utilizó técnicas de tripsinización para disociar células

Desventajas que existen en el aislamiento de los virus

1. El proceso suele ser lento, ya que demanda días a semanas para la identificación, y en consecuencia puede no estar disponible a tiempo para influir en la atención del paciente
2. Es un proceso laborioso y caro

→Muestras

Las muestras hay que seleccionarlas, siendo en ocasiones esta selección difícil de realizar, ya que varios virus pueden producir enfermedades semejantes. Lo más adecuado es tomar la muestra durante la fase aguda de la enfermedad.

Una vez recogida la muestra debe ser enviada rápidamente a laboratorio, si es posible la muestra se inocula directamente en el cultivo celular, si no es posible se habrá de utilizar medios de transporte.

Estos medios llevan proteínas, lo que permite una mayor supervivencia del virus, y antimicrobianos (antibacterianos y antifúngicos) para inhibir el desarrollo de bacterias y hongos.

La muestra puede conservarse a 4°C durante 24 horas aproximadamente. Si se congela la muestra se ha de hacer rápidamente para que no se produzca pérdida de infectividad. A -70°C los virus pueden conservarse durante meses

→Cultivos celulares

Pueden ser líneas discontinuas y dentro de ellas diferenciamos distintos tipos:

- ❖ Líneas discontinuas
- ❖ Líneas células continuas

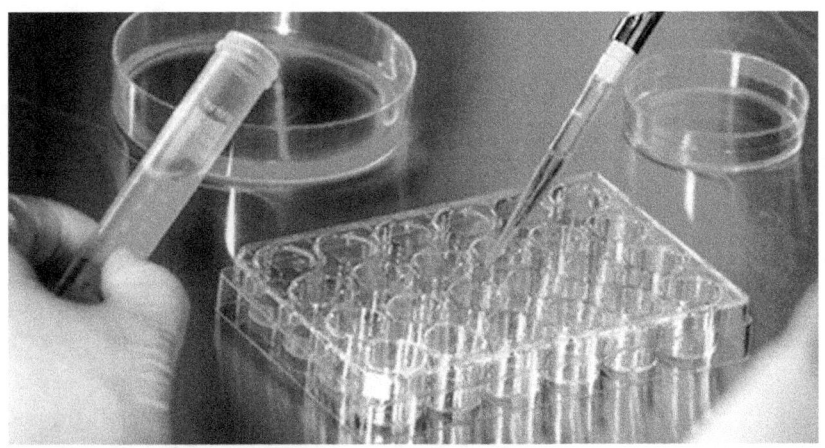

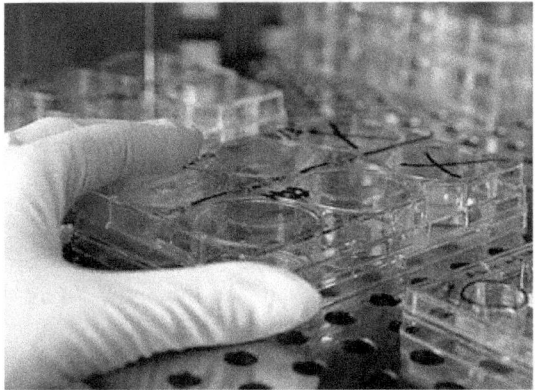

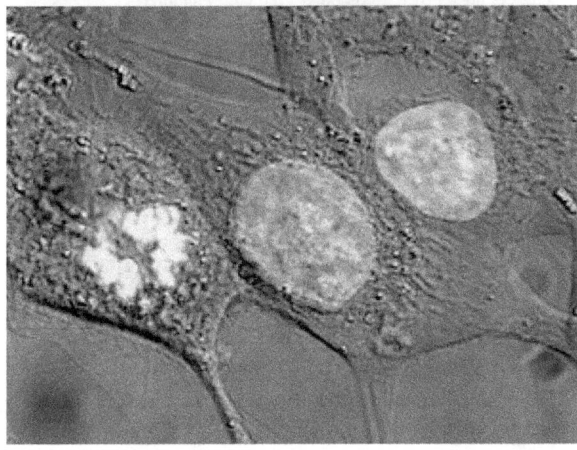

El crecimiento puede ser:

- ❖ En monocapa
- ❖ En suspensión

LÍNEA CELULAR	ORIGEN	USOS
Hela (Henrriett Laks)	Cáncer cervico-uterino humano	Polio; VIH; Papiloma humano
Vero	Epiteliales de mono verde africano	Rabia; Fiebres hemorrágicas; Vero-toxicidad (E. coli, S dysenteriae)
McCoy	Fibroblastos de ratón	Chlamydia
PMK	Riñón de mono	Gripe; Paperas; Polio
HDF	Fibroblastos pulmonares humanos	Herpesvirus; Polio
HEp-2	Carcinoma epidermoide humano	Enterovirus; Adenovirus; Virus Respiratorio Sincitial

Principales líneas celulares utilizadas para Virología Humana

→Huevos embrionados

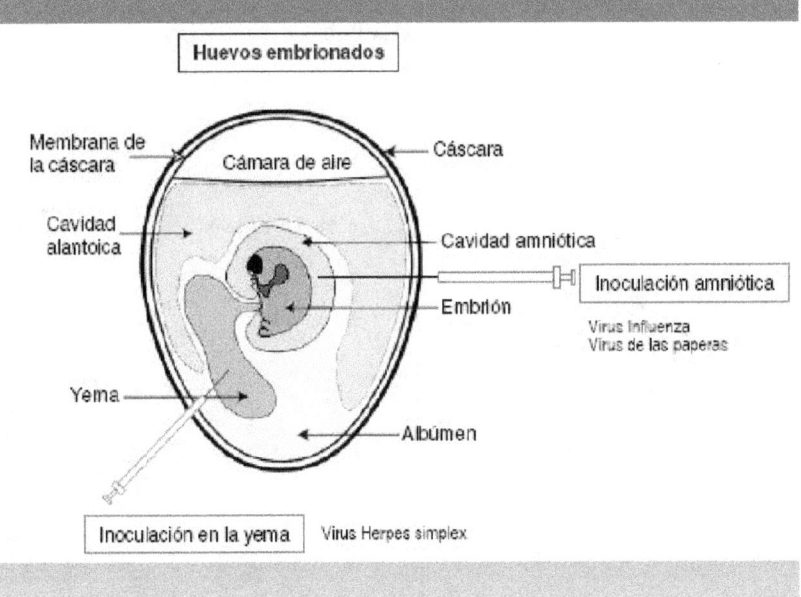

El sistema de incubación en huevos embrionados es un sistema en desuso, pero que ha supuesto durante mucho tiempo, no solo permitir diagnósticos, si no obtención de vacunas.

Las vías de inoculación más usadas son:

- ❖ Inoculación en saco vitelino

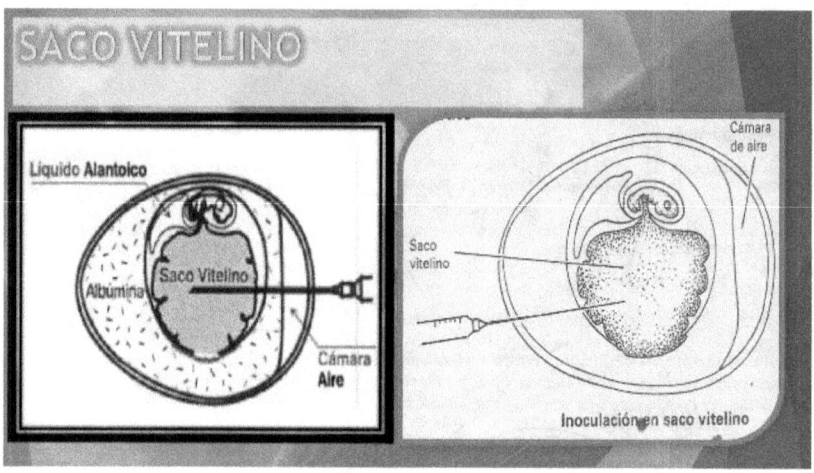

- ❖ Saco amniótico
- ❖ Cavidad alantoidea

❖ Membrana corioalantoidea

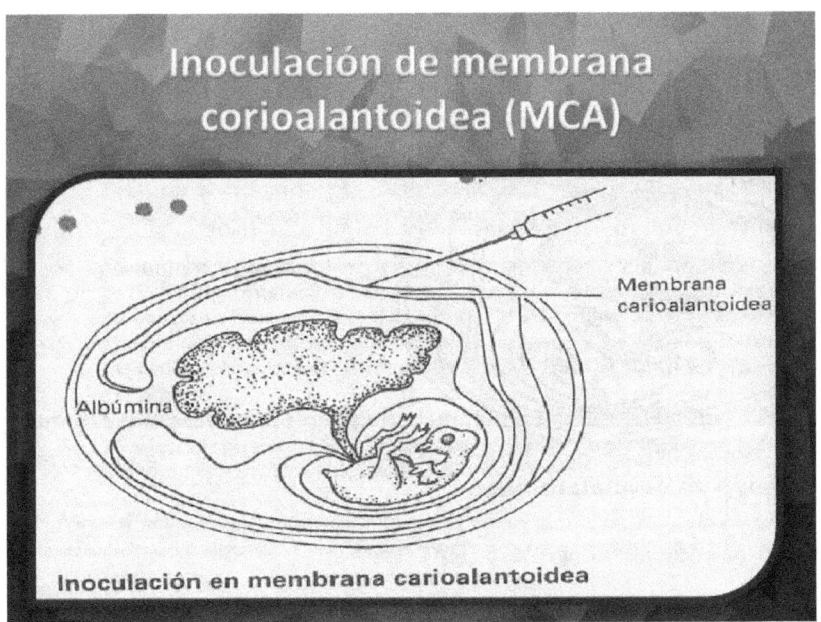

→ Animal de experimentación

Con este sistema se intenta reproducir la patología en el animal de experimentación, a la vez que podremos obtener cantidades mayores de virus en dichos animales

- Microscopía electrónica

Mediante el microscopio electrónico es posible observar la morfología de los viriones presentes en muestras clínicas

- Detección antigénica

    →Inmunofluorescencia directa

Es una de las técnicas más antiguas y de eso más difundido en el laboratorio clínico

    →Inmunoperoxidasa

La tinción con inmunoperoxidasa es similar a la de la inmunofluorescencia y es la técnica de elección en algunos laboratorios

    →Técnica de aglutinación

El test de aglutinación es un método simple, de un solo paso, que a veces se usa para la detección de antígenos virales en muestras clínicas

    →Radioinmunoensayo (RAI)

Fue originalmente aplicado para identificar el antígeno de superficie de la Hepatitis B y el anticuerpo anti-HBsAg

    →Enzimoinmunoanálisis (EIA)

Se basan habitualmente en la captura del antígeno por anticuerpos específicos unidos a una fase sólida, en general, el pocillo de una microplaca o una pequeña esfera de plástico.

- Biología molecular

    →Sondas de ácidos nucleicos

Actualmente es posible extraer secuencias específicas de un fragmento de ADN por medio de las endonucleasas de restricción. Luego estas secuencias extraídas, se pueden desnaturalizar y marcar ya sea con una enzima o con un isótopo radiactivo. A estas cadenas marcadas y que tienen una secuencia conocida se les llama *sondas de ácidos nucleicos*.

→Reacción en cadena de la polimerasa (PCR)

Tiene una sensibilidad tan alta que puede amplificar una única molécula de ADN y una sola copia de genes de mezclas complejas de secuencias genómicas y visualiza como bandas diferentes en geles de agarosa

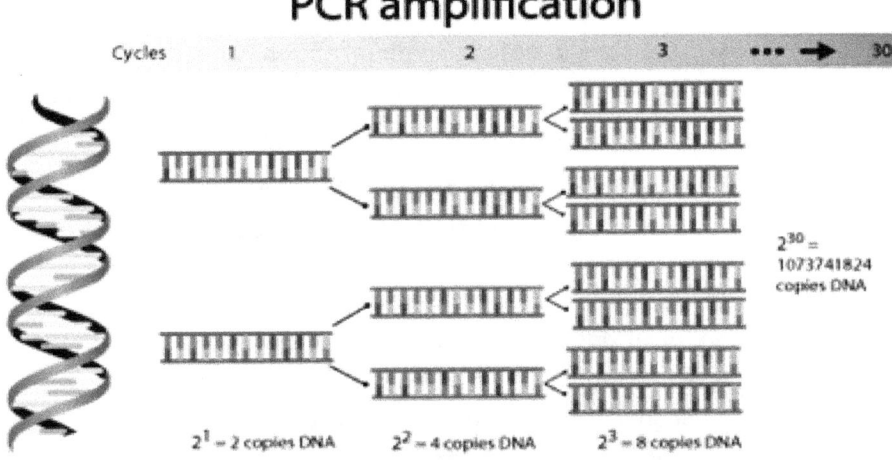

Chain Reaction, copies from copies produced

8.3 MÉTODOS INDIRECTOS

Se basa en la detección de las inmunoglobulinas específicas producidas en el hospedador por la infección vírica.

Las técnicas más utilizadas son:

- Inmunofluorescencia indirecta
- ELISA
- RIA
- Inmunoblotting
- Inhibición de la hemaglutinación
- Fijación del complemento

Se detectan:

- IgM para la detección de infección reciente
- IgG de baja avidez para la detección de infección reciente
- IgG para la detección de infecciones más tardías

Deben tomarse siempre dos muestras de sangre en un espacio de 15 días y determinar el título de los anticuerpos.

Se podrá observar:

- Resultados negativos en ambas muestras
- Resultados negativos en la primera y positivos en la segunda. Esto se denomina **seroconversión**
- Resultado positivo en la primera y positivo en la segunda. Esto se denomina **serorefuerzo**

9. EPIDEMIOLOGÍA

Dentro de la epidemiología son varios los factores que condicionan dicha transmisión, entre ellos podemos citar:

- Los mecanismos de transmisión:

    - ✓ Gotas de aerosoles
    - ✓ Transmisión oro-fecal
    - ✓ Fómites
    - ✓ Contacto directo con secreciones
    - ✓ Contacto sexual
    - ✓ Transmisión vertical
    - ✓ Transfusión de sangre
    - ✓ Trasplante de órganos
    - ✓ Zoonosis

- Factores que facilitan la transmisión:

    - ✓ Estabilidad del virión en el medio ambiente
    - ✓ Multiplicación y liberación del virus en gotas de aerosol y secreciones transmisibles
    - ✓ Transmisión asintomática
    - ✓ Transitoriedad o ineficacia de la respuesta inmunitaria para controlar la reinfección o la recidiva

- Factores de riesgo:

    - ✓ Edad
    - ✓ Salud
    - ✓ Estado inmunitario
    - ✓ Profesión
    - ✓ Viajes
    - ✓ Estilos de vida

- ✓ Niños en guarderías
- ✓ Actividad sexual

- Población sensible seronegativa

- Geografía y estación:

  Con el estudio de la presencia de cofactores o vectores en el entorno, hábitat y estación de vectores artrópodos, jornada escolar, época de calefacción doméstica

- Modos de control:

  - ✓ Cuarentena
  - ✓ Eliminación del vector
  - ✓ Inmunización
  - ✓ Vacunación y tratamiento

www.ingramcontent.com/pod-product-compliance
Lightning Source LLC
Chambersburg PA
CBHW072309170526
45158CB00003BA/1254